라테아트 어드밴스

LATTE ART ADVANCE

라테아트 어드밴스

커피아저씨 **김재근** 감수 | 커피중대장 **정연호** 지음

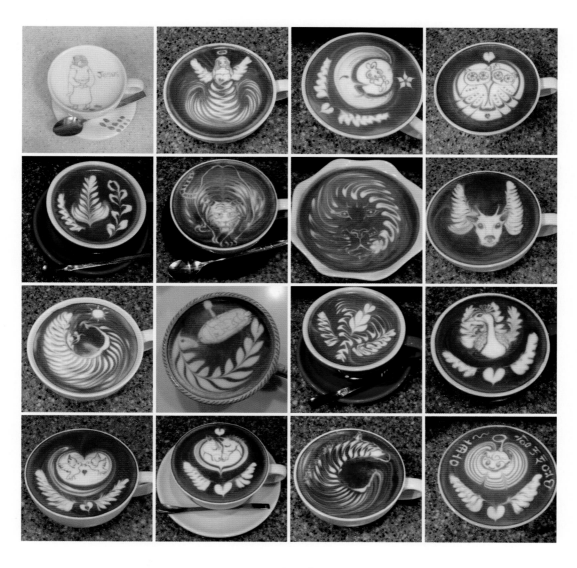

교문사

RECOMMENDATION

추천사

세상이 많이 변했습니다.

아침에 일어나면 의례적으로 대문을 열고 신문을 찾던 시절이 있었습니다. 언제부터인지 지난밤의 세상 이야기들을 가득 담은 신문은 더 이상 대문 밖에서 그렇게 검은 이를 맑게 드러내고 웃으며 이야기하고 있지 않았습니다. 60을 코앞에 두고 있는 제 일상도 이토록 매정하게 변해버렸습니다. 오늘 아침 잠이 깨자마자 손을 더듬어 스마트폰을 열어 시간을, 날씨를, 밤사이의 세상 밖으로 드러난 마을의 이야기들을 읽었습니다. 그리고 화장실에서, 샤워를 하면서도 음악을 들었습니다.

아침의 식탁도 다르지 않습니다. 각자의 그릇 옆 손닿는 곳에 놓인 자신의 휴대폰 화면을 게눈처럼 힐끗거리면서 아메리칸 스타일로 식사를 합니다. 물론 당연히 이제는 우리 가족의 식탁에는 더 이상 숭늉이 없습니다. 화살처럼 튀어나갈 서로의 일상적인 하루를 위해서 방아쇠처럼 당긴 아메리칸 스타일의 커피 한 잔이 있습니다. 주차장으로 내려가 차를 몰고 출근을 합니다. 뭐 눈에는 뭐만 보인다고 온통 주변에는 가로등만큼이나 많은 카페들이 스쳐갑니다. 제 일터도 그 중에 하나입니다. 이제 보니 커피가 식탁의 문화를 변화시킨 게 아니라, 커피로 인해서 우리의 라이프스타일이 변해 버린 것 같습니다.

이렇듯 커피가 식음료의 외식문화에서 상업적이고 유행적인 사업의 틀로 형성되어 가면서 우리나라에서 커피가 차지하는 산업의 새로운 판도가 형성되었습니다. 커피의 수입과 판매가 세계 순위 10위권 안으로 들어섰습니다. 커피를 직접 고객에게 판매하는 카페에서는 카페의 상업적 이윤 창출을 위해서 커피 외에 다른 여러 가지의 요인도 중요합니다. 그러나 분명한 것은 고객의 눈과 코 앞에 있는 한 잔의 커피 자체가 이처럼 많은 카페들이 서로가 경쟁하는 중요한 수단이 된 것도 사실입니다.

세상만사가 그러하듯이 먹고 마시는 것에 있어서는 당연히 '품질'이 중요합니다. 우리가 표현하는 음식의 품질이란 어떤 식음료이든지 간에 내용적인 맛(향)이 좋은 질적인 의미와 외형적인 그 식음료의 맛을 좋게 보이는 시각적인 모양과 장식을 모두 의미하는 것입니다.

커피는 메뉴에 따라서 커피 한 잔에 보이는 외형의 아름다움도 필요합니다. 그것이 커피에서는 라테아트라는 이름으로 1986년쯤부터 미국의 여러 카페에서 모양을 내던 것이 1993년 시애틀의 비바체 카페의 데이비드 슈머가 만든 로제타와 함께 커피의 맛에 멋을 내는 모양이 유행하게 되었던 것입니다.

우리나라 카페에서 커피의 맛에 멋을 내는 바리스타들이 국내 여러 대회에서 경쟁하고 있고, 국가대표가 되어 세계 대회에서도 우수한 성적을 내고 있습니다. 이런 라테아트의 경쟁은 개인의 기량을 위한 노력이기도 하지만, 커피를 즐기는 고객들에게 멋있고 맛있는 커피를 제공하는 것이기도 합니다.

라테아트를 잘하는 사람들은 결코 모양만 잘 내는 것이 아니고, 로스팅과 추출 등 커피 전반에 걸쳐 다양한 지식과 경험으로 훌륭한 커피를 만들어 내는 '바리스타'라는 직업인입니다. 이런 세상의 흐름으로 요즘에 수많은 커피 관련 책들이 서점에 나와 바리스타뿐만 아니라 일반인들도 관심을 가지고 있습니다. 특히 라테아트를 제대로 해야 하는 직업인으로서의 바리스타 또는 대학이나 기타 교육기관에서 배워야 하는 학생들이 라테아트를 익힐 수 있는 책들이 시중에 많이 나와 있습니다.

《라테아트 베이직》과 더불어 이번에는 조금 더 심도 있게 라테아트의 다양한 테크닉을 접할 수 있도록 그 후편으로 《라테아트 어드밴스》를 마련했습니다. 세상에는 커피중대장으로 널리 알려진 정연호 교수는 매장 운영 경력과 각종 커피 대회와 라테아트 대회의 심사위원이고, 커피를 가르치는 트레이너입니다, 현재 대학에서 라테아트를 직접 가르치고 있습니다.

이 책은 라테아트에서 국내 최고인 바리스타들이 보여주는 기본적인 잔과 스팀피처의 파지법 등을 QR 코드를 통해서 직접 동영상으로 볼 수 있습니다.

또한, 각 라테아트의 유형 등을 정연호 교수의 '커피중대장' 개인 블로그에 있는 동영상을 이용하여 마치 옆에서 개인지도를 받듯이 익힐 수 있다는 장점도 있습니다.

정연호 교수의 책을 자신 있게 추천하는 이유는 오랜 개인적인 친분 때문이기도 하지만, 라테아트의 기술적인 실력뿐만 아니라 그의 커피에 대한 순수하고 열정적인 애정 때문입니다. 또한, 로스팅과 커핑 그리고 추출에 이르기까지 커피 전반에 관한 끊임없는 노력, 최고의 실력을 갖춘 변함없는 커피 분야의 실전적인 전문가이면서 무엇보다도 훌륭한 인품을 가지고 있기에 이 책을 통해서 독자와 격의 없이 내용에 대해 생생한 피드백으로 우정을 나눌 수 있는 커피인이기 때문입니다. 이 책은 이렇듯이 그간에 만날 수 없었던 '수준 높은 라테아트의 실용서'입니다.

벌써 이런 아름다운 바리스타와 독자들이 커피 친구로, 때로는 커피의 사제지간으로 우정을 쌓으면서 우리가 함께 꿈꾸며 살아가는 커피 세상에서 서로 따뜻하고 멋진 만남을 갖는 것이 눈앞에 펼쳐지는 듯합니다.

끝으로, 끊임없이 노력하는 저자가 틀림없이 멀지 않은 미래에는 '라테아트 프로페셔널(?)' 같은 완결판으로 우리가 또 만나게 될 설렘을 가져봅니다.

2016년 4월
커피아저씨, 백석예술대학교 교수
김재근

PREFACE

머리말

여러분은 라테아트를 왜 하려고 하시나요? 예뻐서? 멋져서? 보기 좋은 커피가 맛도 더 있어서? 자신의 능력을 보여주기 위해서?《라테아트 베이직》에서 이미 언급했던 것처럼 제가 라테아트를 시작한 것은 할 필요가 없다는 걸 보여주기 위한 부정적인 이유에서였습니다. 자료와 정보도 부족한 시절, 생두의 질이 좋지 않고 로스팅의 기술과 추출하는 바리스타들의 능력조차도 떨어지던 그 때, 핸드드립과 로스팅의 매력에 빠져 있던 사람 중 하나였기에 향미를 살려야 하는 바리스타의 입장에서 라테아트는 무의미한 기술 중에 하나였습니다. 마침 유명한 커피인 한 분이 방송에서 요새 젊은이들은 커피의 본연보다는 외형적인 라테아트 기술에 치우쳐서 걱정이라는 인터뷰를 보고 무한한 지지와 공감을 표현했습니다. 하지만 젊은 시절이라 이런 생각도 해보게 됐습니다. 그런데 과연 그 분이 추출과 스티밍을 잘 알고 계실까? 카푸치노나 카페라테를 잘 만드실 수 있을까? 이런 의문이 머릿속에 맴돌았고 그래서 한 시작이었습니다. "필요가 없어."라고 말하려면 과연 어떤 사람이 되어야 할까요? "할 줄 아는 사람이어야 하고 그것도 전문적이고, 누구나 인정하는 라테아트를 하는 사람이 되어야 한다."였습니다. 그래서 말하겠다, 라테아트는 할 필요가 없다고! 그러나 지금의 입장에서 개인적인 생각은 반대가 되어 버렸습니다. 반드시 할 필요는 없을지 몰라도 "해야 한다."입니다.

커피는 여러 분야로 나뉘었습니다. 상업화되면서 바리스타에서 시작되던 것이 커퍼, 로스터, 브루잉 전문가, 바리스타, 엔지니어, 트레이너, 사업가 등 세분화 되어 버렸습니다. 쓸데없이 복잡하게 만드는 사람들도 참 대단합니다. 그러면서 자연적으로 분야가 나뉘게 되었습니다. 커핑, 로스팅, 브루잉, 추출, 라테아트, 커피학개론(이론), 기계실무, 서비스, 메뉴 등. 간단하게 생각하면 됩니다.

라테아트도 커피 과목 중에 하나라고! 커피는 향미가 중요합니다. 그래서 실제 메뉴를 받았을 때 향을 맡고 맛을 보며 평가하는 경우가 대부분입니다. 결과물에 대한 객관적인 기준이라는 건 주관적인 느낌이 모여서 객관화되는 거라 생각합니다. 하지만 눈으로 볼 수 있는 것도 있습니다. 로스팅 아그트론처럼 물론 원두 표면과 분쇄된 상태는 또 다르지만. 라테아트도 비주얼과 센서리적 측면에서 최종으로는 먹어보아야 결과를 평가할 수 있지만 디자인의 완성도는 보기만 해도 가능합니다. 눈으로 평가가 가능한 만큼 다른 커피 과목들에 비해 발전도를 바로 확인할 수 있다고 봅니다. 안 보이는 부분이 더 중요한 게 커피지만, 얼마만큼 빠르게 발전하는지 알 수 있는 좋은 과목도 중요하지 않을까요? 하나를 잘 하는 사람이 열을 다 잘할 수 있는 건 아니지만 하나는 잘 하지 않나요? 또 그것과 연관된 다른 부분도 더 빨리 잘할 수 있지 않을까요? 추출, 스티밍, 디자인, 맛까지 신경 쓰는 그 집중력과 노력을 가지면 커피의 다른 분야를 못 한다는 것이 이상하지 않을까라는 것이 지극히 개인적인 생각입니다. 물론 어느 정도 수준까지는 쉽지만 올라갈수록 짜증도 많이 나고 결과를 남과 비교하다 좌절하기도 하며, 노력은 안 하고 벽을 넘지 못해 포기하게도 되는 것이 라테아트입니다. 보이는 걸 하다 보니 남들의 평가에 우쭐해서 자만하고, 그 기술을 향미와 서비스를 위한 것이 아니라 개인의 이익을 위해 악용하다 뒤편으로 사라지기도 합니다. 자기관리를 잘해서 남들은 모르지만 알 사람은 다 아는데 여전히 잘 버티고 있는 사람들도 있습니다.

'라테아티스트'란 용어를 개인적으로는 좋아하지 않습니다. 아티스트는 창작을 하며 작품을 만드는 예술가인데, 과연 작품성 있는 라테아트를 하는 사람이 우리나라에 몇이나 될까요? 라테아트를 조금만 하면 스스로를 라테아티스트라 부르는데 과연 타당할까요? 오히려 커피의 향미를 내면의 기본으로 하면서 외형의 라테아트까지도 고려하는 '라테아트 디자이너'라고 부르는 게 나을지도 모르겠습니다. 바리스타는 아직 서비스직입니다. 기술직, 전문직으로 만들려면 많은 노력이 필요하다고 봅니다. 라테아트는 향미도 살리면서 디자인으로 감동을 전달할 수 있는 서비스라고 생각합니다. 기술에만 치우치지 말고 아름다운 그림을 담으려 연습하면서, 그 마음까지도 그렇게 되도록 노력하는 바리스타가 되었으면 합니다. 커피 한 잔이고 디자인 하나이지만 그 한 잔에 의미와 커피 인생을 그렸으면 합니다. 물론, 스스로 부족해서 평생 노력하며 커피를 즐기는 한 사람으로 완벽한 라테아트와는 거리가 먼 한 사람이라 평생 연습을 할 생각입니다. 라테아트를 좋아하는 분들에게 이 책이 조금이나마 도움이 되길 바랍니다. 라테아트를 잘하는 사람은 많습니다. 라테아트만 잘하는 사람이 아니라, 라테아트도 잘하는 사람이 되었으면 하면서 못 다한 이야기는 '라테아트 프로페셔널'로 넘기겠습니다.

항상 스스로에게 부족함을 느끼지만 하늘에서 응원해주시는 사랑하는 어머님과 가족들, 커피 인생의 길을 이끌어 주시는 커피아저씨 김재근 교수님, 함께 커피 하며 응원해주는 커피 마리오의 동생 박근형 대표, 아울러 《라테아트 어드밴스》의 출간을 위해 도움을 주신 교문사와 바리스타들에게 진심으로 감사드립니다.

2016년 4월 장기동 '커피아저씨'에서
커피중대장 정연호

CONTENTS
차 례

01

L A T T E A R T   A D V A N C E

라테아트의 발전

라테아트의 발전

라테아트의 발전은 연습

기술, 메커니즘, 문화, 상업성, 경영, 서비스, 정보, 대회, 인재 양성 등 커피는 수많은 발전이 있었다. 커피의 한 분야인 라테아트도 장족의 발전이 있었다. 2000년대 초만 해도 교육과 정보의 한계가 있었으나 대중매체와 SNS 등의 발전으로 국내뿐만 아니라 해외 라테아트의 정보가 교류되면서 성장속도가 가속화되었다.

라테아트를 잘 하려면 어떻게 하면 될까? 대답은 간단하다. 바로 한 단어 '연습'이다. 원리의 이해가 없더라도 정보를 활용해서 연습을 많이 하면 할 수 있는 것이 라테아트이다. 더 빨리 제대로 하고 싶다? 원리를 이해하고 자신의 문제점을 찾아 교정할 수 있다면 독학으로 하는 다른 사람들보다 그 성장이 눈에 띄게 보여서 교육기관, 개인 트레이닝을 찾는 경우가 많아졌다. 트레이닝을 하는 바리스타들은 자신이 독학이나 교육을 통해 당면했던 문제점과 벽들의 경험을 배우는 사람들에게 전달하여 보다 쉬운 원리와 단계를 전달해서 체득화에 도움을 주고 있다.

이해력과 습득력이 좋은 사람들은 단 2~3주 만으로도 오랫동안 독학한 사람들을 앞지르기도 한다. 그렇다고 쉬운 라테아트일까? 그렇지만은 않다. 어느 정도의 수준에 올라가고, 다른 사람을 따라하는 데 그치는 것은 쉽다. 기초를 바탕으로 자신만의 스타일을 가지고 사람들에게 감동과 영감을 줄 수 있는 라테아트가 수준급이라고 생각한다. 훌륭한 선생님을 만나는 것도 중요하지만 누구한테 배웠느냐가 중요한 것이 아니라 내가 얼마만큼을 할 수 있느냐가 더 중요하지 않을까?

라테아트는 아직까지도 커피에서 논란이 많이 되고 있다. "눈만 즐거울 뿐이지 향미가 고려되지 않는 단순할 기술일 뿐이다." 과연 그럴까? 기본을 지키고 한다면 논란이 일어날 경우의 수는 적어질 것이라 생각된다.

라테아트는 어디서 어떻게 하느냐가 중요하다. 매장에서는 소비자가 원하는 향미와 서비스를 갖춘 라테아트, 대회라면 Rule & Regulation에 적합한 라테아트, 교육이라면 기초를 중요시하는 체계적인 라테아트, 시연이라면 관객들이 원하는 라테아트를 보여주면 된다. 물론 말은 참 쉽다. 말도 쉽게, 보여주는 것도 쉽게, 이해도 쉽게, 멋도 있고 맛도 있게 해야 하는 참 어려운 라테아트지만!

　라테아트를 쉽게 보고 그저 기술일 뿐이라는 한마디를 던지기 전에 먼저 해 보고 노력하는 사람들이 많아져서 대중화와 더 큰 발전이 되기를 바랄 뿐이다. 라테아트를 가르치는 교육자들과 배우는 학생들이 흔들리지 않고 즐기며 연습할 수 있기를 바란다.

이 책에는 라테아트의 기초 내용은 포함되어 있지 않다. 기초 내용은 《라테아트 베이직》을 참고하기 바란다(1. 《라테아트 베이직》 예시).

모바일 장비(핸드폰, 태블릿 등)에 QR코드 애플리케이션을 다운로드 받아 라테아트 어드밴스의 사진이나 영상을 활용할 수 있다.

1. 《라테아트 베이직》 예시

라테아트의 이해

라테아트의 10요소

추출의 기본 방법

스티밍의 기본 단계

2. 《라테아트 베이직》 세부 내용

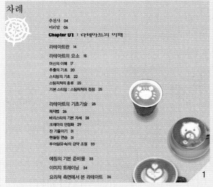

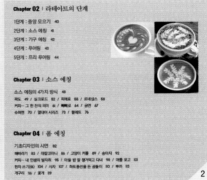

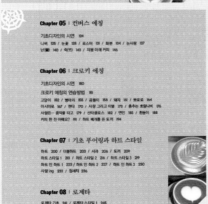

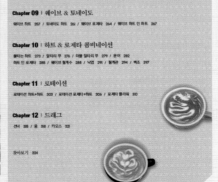

소스 에칭(Sauce Etching)

폼 에칭(Foam Etching)

컨버스 에칭(Converse Etching, Coffee Etching)

크로키 에칭(Croquis Etching)

푸어링(Pouring)

프리 푸어링(Free Pouring)

입체 라테아트(3D)

특이한 라테아트(ODD)

《라테아트 베이직》에서 설명
한 종류 외에 2가지 라테아트
에 대해 간략한 설명을 참고
해 보자.

**컬러의
활용**

라테아트는 크레마와 스팀밀크의 색감 이외에 다양한 색을 입히며 발전하고 있다. 국내의 한 대회에 처음으로 디자인에 Color를 추가하는 부분을 포함시켜 진행했을 때 대회 전 바리스타와 선수들이 시연한 작품들의 화려함이 떠오른다. 제한사항이 많은 식용색소도 있지만 품질이 우수한 색소와 시럽, 소스들이 많아져서 화려함이 극대화되고 있으나, 실력 있는 바리스타들은 멋뿐만 아니라 먹을 수 있는 것을 만들 뿐이다. 개인적으로는 커피 본연의 향미와 컬러를 살리는 부분이 있고, 화려한 색감의 사용이 어려워 포인트를 주고 있는 편이다.

컬러 포인트 디자인

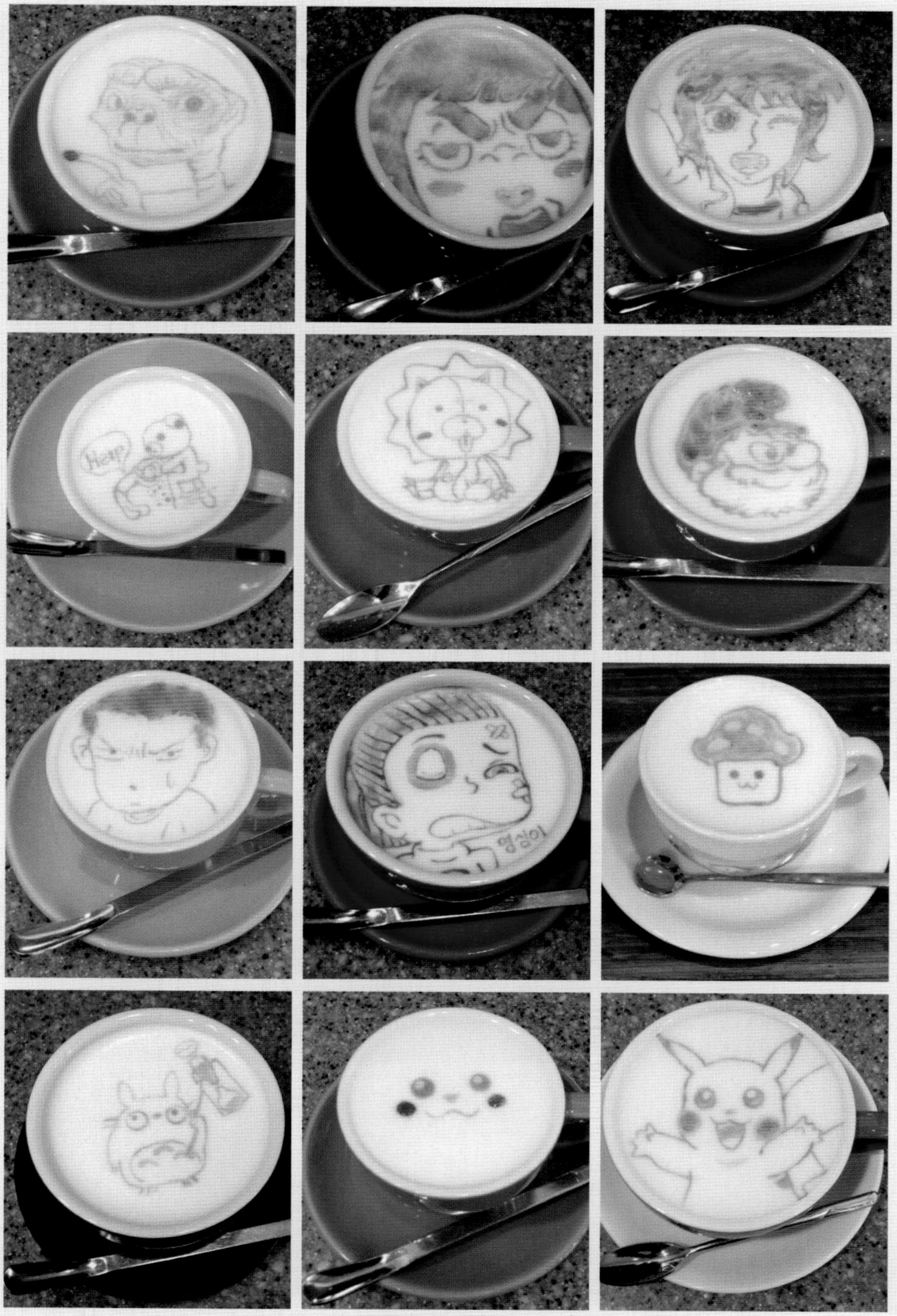

Design by 김선우

루돌프 사슴

김선우 바리스타의 겨울 시즌 디자인이다.
원의 형태를 푸어링으로 부어 주고 밀크폼을 사용하여 루돌프의 뿔을 그린 후,
크레마로 눈, 루돌프의 특징인 코를 컬러 색소로 표현했다.

입체 라테아트 3D LATTE ART

3차원 라테아트라고도 하며 기존의 카푸치노보다 더 볼륨감 있게 만들면서 입체감이 생기는 라테아트이다. 스티밍 시 공기주입을 많이 하는 형태이며 인위적으로 두꺼운 폼을 만들거나 따로 분리된 폼을 사용하여 생동적이면서도 귀여운 형태의 라테아트를 만들 수도 있다.

밀크폼이 과도하거나 온도가 높아지면 우유의 영양소와 맛에 안 좋은 영향을 줄 수 있으므로 스티밍 시 주의와 빠른 진행이 필요하다.

(폼의 중요성 : 폼이 너무 거친 상태에서는 표면에 구멍이 많이 나고, 부족하면 가라앉을 수도 있다.)

 거친 폼의 표면에 벨벳의 폼을 덮고 진행하면 완성도가 높아지고 오래 유지된다.

부엉이 3D(영상) 진격의 리락쿠마 3D(영상) 호빵맨 3D(영상)

특이한 라테아트 ODD LATTE ART

국내 대회는 물론 해외 대회에도 가끔 등장하는 라테아트의 방식이다. 대회 형태의 공식 잔이 아닌 특이한 형태의 잔 또는 스팀피처의 대용물로 완성시키는 라테아트를 말한다. 어려운 느낌이지만 원리만 이해한다면 연습을 통해서 라테아트용 기구가 아닌 다양한 기물들로 라테아트에 도전해 볼 수 있다. 유능한 목수는 연장 탓을 하지 않는다지만 가장 중요한 건 기본기라는 것을 잊지 말았으면 한다.

장수 생막걸리(영상)　　　　Cup in cup(영상)　　　　만두 포장 용기(영상)

기본 파지 1

기본 파지 2

기본 파지(윗면)

라테아트 잔의
파지법
어드밴스
———

상단 파지(아랫면)

상단 파지(윗면)

하단 파지(옆면)

하단 파지(윗면)

하부 파지(옆면)

하부 파지(윗면)

하부 Rotation 옆면(전) 하부 Rotation 옆면(후) 하부 Rotation 윗면(전) 하부 Rotation 윗면(후)

《라테아트 베이직》에서 언급한 잔 파지법의 세부 사진(5가지)

라테아트
스팀피처의
파지법
어드밴스

___

기본 파지(C형)

기본 파지(V형)

하단 파지(U형)

누름형 파지(상단 상부)

누름형 파지(상단 중부)

누름형 파지(상단 상부)

U형(중단 상부)

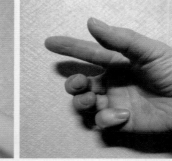

U형(중단 중부)

L형(중단 하부)

기본적인 손의
그립 형태(9가지)

스팀피처의 형태

기본 스팀피처(옆면 1)

기본 스팀피처(옆면 2)

기본 스팀피처(윗면)

핸들리스 스팀피처(옆면 1)

핸들리스 스팀피처(옆면 2)

핸들리스 스팀피처(윗면)

기본 파지 C형(옆면 1)

기본 파지 C형(옆면 2)

기본 파지 C형(윗면)

스팀피처의 관리

스팀피처의 정리   스티밍용   분배용

스팀피처는 어떻게 관리해야 할까? 보관을 잘 하고(보조피처와 결합, 윗면을 막거나 뒤집어 놓고 사용 전에 상태를 확인하여 세척하고 물기를 제거해 둔 상태) 별도 보관하는 것이 좋다. 한번 사용하고 남은 우유의 잔여물을 재사용하거나 세척과 건조를 하지 않으면 위생상 심각한 문제가 발생할 수도 있다.

　스티밍용 피처는 효율적인 스티밍을 위해 차갑게, 분배용 피처는 스티밍한 우유의 온도 유지를 위해 따뜻하게 준비해 두는 것이 효율적이다.

스팀피처의 튜닝

《라테아트 베이직》에서 언급했던 것처럼 스팀피처는 재질과 바디의 형태, 줄기 조절 등을 위해 다양한 제품들이 시중에서 판매되고 있으므로 자신에게 맞는 형태를 찾아 활용하는 것이 효율적이다. 기본적인 피처를 가지고 실력을 꾸준히 쌓는 것도 좋지만 줄기 조절의 최적화를 위해 전문 바리스타가 튜닝하고 검증된 스팀피처를 사용해 보고, 자신의 문제를 파악하여 대처방안을 찾는 것도 좋은 방법이라고 생각한다. 기구에 의존하는 것은 지양하지만 좋은 것은 사용해 보는 것을 개인적으로 권장하고 있다.

카페 '원웨이'의 튜닝피처
서울특별시 광진구 중곡 2동
121-30 1층, 010-8662-5891

《라테아트 베이직》에서 언급했던 것처럼 스팀피처 파지법에 따라 라테아트의 형태에 변화가 생기므로 파지법에 따른 변화를 알고, 자신에게 맞는 최적화된 방법을 선택하는 것이 좋다.

파지법에 따라 형태가 달라져서 초·중반에는 그림에 따라 변화를 주기도 하지만, 하나의 파지로 모든 형태의 라테아트를 그릴 수 있을 정도로 연습해서 체득화하는 것이 파지의 변형으로 인해 다시 적응해야 하는 시간을 줄이는 최선의 방법이 아닐까 한다.

기본파지(C형-V형)

C형 상단(옆면)

C형 상단(윗면)

최원재 바리스타(초기)

C형 중단(옆면)

C형 중단(윗면)

C형 하단(옆면)

C형 하단(윗면)

V형 상단(옆면)

V형 상단(윗면)

라테아트를 하는 바리스타들이 많이 사용하는 파지법 중에 하나인 상단 파지
법에 대한 사진을 보고 카페 원웨이의 최원재, 이해경 바리스타의 파지법에 대
한 설명을 들어보도록 하자(파지 변경 이유 포함).

상단파지

누름형 파지(상단 상부) 옆면

누름형 파지(상단 상부) 윗면

누름형 파지(상단 중부) 옆면

누름형 파지(상단 중부) 윗면

누름형 파지(상단 하부) 옆면

누름형 파지(상단 하부) 윗면

카페 원웨이

최원재 바리스타(영상)

이해경 바리스타(영상)

상단파지와 마찬가지로 라테아트를 하는 바리스타들이 많이 사용하는 파지법 중에 하나인 중단-하단 파지법에 대한 사진을 보고 엄성진 바리스타의 파지법에 대한 설명을 들어보도록 하자.

중단-하단파지

U형(중단 상부) 옆면

U형(중단 상부) 옆면

U형(중단 중부) 옆면

U형(중단 중부) 윗면

엄성진 바리스타
파지 설명(영상)

L형(중단 하부) 옆면1

L형(중단 하부) 옆면2

엄성진 바리스타

하단파지(U형) 옆면

하단파지(U형) 윗면

이해경 바리스타(초기)

스티밍
어드밴스
───

《라테아트 베이직》에서 설명한 것처럼 스티밍에는 단계와 여러 가지 감각이 필요하다. 개인적인 생각으로는 스티밍을 사람들이 너무 어렵게 만들고 교육을 하고 있지는 않나 하는 생각이 든다.

터보스팀의 원리를 안다면 스티밍의 원리는 정말 간단하다. 온도적인 부분을 해결하고 각도와 위치만 잘 정해준다면 스티밍은 머신이 알아서 한다.

 TIP 영상을 보고 스티밍의 원리를 이해하여 사용하는 머신에 적용해 보자.

LA CIMBALI M100

스팀노즐의 길이와 각도

완드 팁

RANCILIO classe 11

스팀노즐의 길이와 각도

완드 팁

터보스팀 Setting

터보스팀 원리(일반)

터보스팀 원리(스마트 피처)

터보스팀(M39 GT-영상)

터보스팀 원리(일반-영상)

터보스팀 원리(스마트 피처-영상)

바리스타들이 초기에 많이 좌절하는 것 중에 하나가 첫 번째 잔과 두 번째 잔의 라테아트 퀄리티를 일정하게 하지 못하는 부분이다. 두 잔을 일정하게 하기 위해서는 스티밍의 완성도와 속도가 중요하지만 스티밍한 결과물을 일정하게 나누어 진행하는 분배도 큰 비중을 차지한다.

분배는 여러 가지 방식이 있지만 이 장에서는 높은 비율로 활용하는 분배 방법을 알아보도록 하자.

1. 2잔 분량의 우유(5~6oz)

2. 스티밍 작업(주입, 혼합)

3. 그림 형태에 맞게(완료)

4. 1번만큼 남기고 분배

5. 푸어링 후

6. 적은 쪽을 합한다.(회전)

7. 완료

8. 분배(영상)

이미지 트레이닝

이미지
트레이닝
어드밴스
———

《라테아트 베이직》에서 언급했던 것처럼 재료의 절약과 많은 연습량을 위해 필요한 이미지 트레이닝, 하드 트레이닝을 위한 기초 단계로 이름을 정했으며 에스프레소와 우유 절약형의 연습 스타일이다. 커피가 없어도 가능하며, 설탕이 들어간 파우더보다는 100% 가까운 코코아파우더를 쓸 경우에 더 오래 사용이 가능하다.

한때 쇼콜라티에 교육을 하면서 카카오파우더를 이용한 이미지 트레이닝을 주로 활용했다. 설탕이 굳으면서 크레마의 밀도감이 높아지고 커피분말은 유속에도 약간의 영향을 미치기 때문이다. 중반까지만 해도 반대 의견이 많았는데 지금은 교육의 많은 부분에서 활용하고 있다.

이미지 트레이닝에서 모양이 제대로 나오지 않으면 실전에서는 거의 나오지 않는 경우가 많다. 보통 이미지 트레이닝은 잘 되는데 실전은 안 되는 경우가 많은데, 그건 4가지 정도를 놓치기 때문이다. 폼의 밀도, 시선, 줄기 조절, 유속 정도로, 많이 연습한 사람을 바로 알아낼 수 있다. 쉽게 말하면 펌핑을 할 경우에 폼의 혼합이 더 잘 되고 밀도가 증가해서 줄기를 조절하기가 편하고, 코코아파우더나 커피파우더가 가시성을 높여주어 실제보다 잘 된다. 실전에서 스티밍 시 공기주입과 혼합에 신경 쓰고, 줄기를 잘 조절하면서 잘 보고 하면 된다는 간단한 원리이다.

코코아파우더를 활용한
이미지 트레이닝

커피분말(커피 파우더)을 활용한 이미지 트레이닝

이미지 트레이닝을 통한 발전

이미지 트레이닝 설명(영상)

디자인의 발전단계 어드밴스

《라테아트 베이직》의 하트 스타일 응용 로제타 스타일 만들기에서 설명한 내용의 추가 내용이다. 연속되는 발전단계를 위해 이미지 트레이닝으로 진행되며 QR코드에 설명이 포함되어 있다.

로제타의 원리
어려워 보이는 로제타일 수도 있지만 그 시작은 결국 Heart라는 걸 잊지 말자. 하트 스타일의 변형이 Rosetta!

로제타 스타일
밀크폼, 안정화, 시작점, 줄기 조절, 낙차 조절, 유속의 정도, 핸들링 등에 따라서 다양하게 변화하는 Rosetta 원리를 알고 한번 도전해 보자!

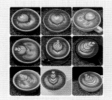

로제타-튤립 변환
Heart와 유속을 알면 쉽게 할 수 있는 튤립의 형태이다. 거기에 로제타의 원리가 가미되면 튤립의 퀄리티를 높일 수 있다. 튤립에 선을 넣어 다양성을 높여 보자!

백조1-2
백조? 로제타의 망가진 형태를 보완하기에 최적의 형태인 디자인이다. 생각보다 어렵지 않다. 원리를 이해하고 로제타의 실패작을 살려 보자.

플라워 팟
대회형 디자인의 기초이다. 어려운 것 같지만 튤립 + 로제타이다. 튤립과 로제타를 분리해서 연습해 보고 결합해 보며 완성도를 높이자.(튤립-안정화)

윙 팟
플라워 팟의 응용 디자인으로 백조 날개 형태의 중앙에 하트를 넣어서 마무리하는 디자인이다. 다양한 응용이 가능하니 연습해 보자.

MEMO

디자인 어드밴스

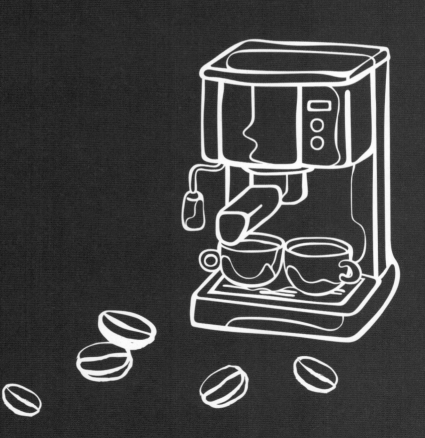

Design by 정연호(Captain J)

나비의 꿈

나비의 꿈(Video–설명 포함)

2010년 대회에 출전하는 바리스타에게 전수한 디자인
고치를 뚫고 나와 하늘로 화려하게 날아오르는 한 마리의 나비를 표현했다.
성장하기까지 많은 시간과 노력의 단계가 있다는 스토리를 담고 있다.

PROCESS

1. 잔을 기울여 주고, 스팀밀크로 중앙 모으기를 한다.
   - 잔의 크기, 형태, 스팀밀크폼의 두께에 따라 상이하지만 1/3 정도까지 안정화시킨다.
   - 상단 중앙의 1/2 지점에서 시작해서 유속을 조금 주면서 첫 번째 하트 베이스를 띄운다.
2. 튤립(밀어 넣기 식)을 11개 정도 단을 쌓듯이 그려 준다.
   - 개수는 상관없지만 잔 안에 비율을 꽉 채우는 느낌으로 부어 준다.
   - 베이스의 중앙 마무리는 선택사항이다.
3. 맨 윗부분의 원을 나비로 활용한다.
4. 폼을 떠서 나비의 더듬이를 그려 준다.
   - 꼭지 부분을 깊게 눌러 넣어서 두껍게 표현해도 된다.
5. 원의 아래쪽에서 중앙 부분으로 가로질러 위-아래 날개의 구분선을 그려 준다.
6. 위 날개의 중앙 부분에서 폼을 밖으로 끌어내어서 날개를 표현해 준다.
7. 3의 하단부에서 아래로 내리면서 중앙을 마무리한다.
8. 7의 선 옆에서 안으로 넣어 주면서 아래 날개를 표현한다.
9. 왼편 원의 아래쪽에서 3~4개의 원을 포함하여 핀휠-스핀(Pinwheel-spin) 방식으로 하단부에 회전을 준다.
10. 9와 같은 방식으로 연결하여 오른편 하단부에도 회전을 주어 고치와 날개 파동을 표현한다.

CORE 4PROCESS

안정화   튤립   나비 날개의 간격   핀휠-스핀(Pinwheel-spin)

REFERENCE

영상(구)   나비의 꿈(원본)   나비의 꿈(베이스-완성)

로제타 스타일 3

로제타 스타일 3

로제타 교육을 할 때 쓰던 시연용 패턴이다.

유속을 최소화한 로제타 기초 스타일로, 중앙에 일반형 로제타, 왼쪽에 날개형 로제타, 오른쪽에 드래그 스타일의 로제타를 그려 준다. 이 정도를 한 잔에 그릴 수 있다면 다양한 패턴들을 충분히 그릴 수 있다.

1. 잔을 기울여 주고, 스팀밀크로 중앙 모으기를 한다.
   - 잔의 크기, 형태, 스팀밀크폼의 두께에 따라 상이하지만 2/3 정도까지 안정화시킨다.
2. 중앙 부분에서 유속을 최소화해서 라인하트를 그려 준다(로제타 베이스).
   - 하트의 핸들링은 4~6회 정도
3. 하트가 완성되면 나가면서 로제타를 그려 준다.
   - 전체 10회 정도의 핸들링
4. 로제타를 마무리한다.
   - 피처를 들면서 줄기는 가늘고 속도는 빠르게
5. 잔을 왼쪽으로 살짝 기울이고 피처를 가까이 붙여서 낙차를 줄여 준다.
   - 첫 번째 베이스가 잘 뜨도록 보고 그려 준다.
6. 날개 형태의 로제타를 그려 준다.
   - 4~8회 정도로 빠지는 속도가 빠르고 폭은 좁다.
7. 날개형 로제타를 마무리한다.
8. 잔을 오른쪽으로 살짝 기울이고 피처를 가까이 붙여서 낙차를 줄여 준다.
9. 줄기와 낙차를 조절하면서 드래그 형태로 날개형 로제타를 그려 준다.
   - 빠지는 속도와 줄기는 중간 정도이다.
10. 드래그형 로제타를 마무리한다.

CORE 4PROCESS

안정화   낙차 조절   날개의 마무리   줄기와 속도

REFERENCE

로제타(유속)   날개(백조의 날개)   드래그의 활용

사이드 튤립 백조

사이드 튤립 백조

2013년에 창작한 백조 스타일이다.

하단과 양 옆을 아수라에서 변형한 튤립의 날개 형태로 그려주고 중앙에 백조의 목과 얼굴을
그려주는 디자인이다.

PROCESS

1. 잔을 기울여 주고, 스팀밀크로 중앙 모으기를 한다.
   - 잔의 크기, 형태, 스팀밀크폼의 두께에 따라 상이하지만 1/2 정도까지 안정화시킨다.
   - 상단 중앙의 1/2 지점에서 시작해서 유속을 조금 주면서 첫 번째 하트 베이스를 띄운다.
2. 강한 유속을 주면서 하트 인 하트 형태로 밀어 넣는다.
   - 마무리를 하지 않는다.
3. 낙차를 줄이고 하트 인 하트의 왼쪽 상단에 작은 크기의 원의 형태를 부어 준다.
4. 작은 크기의 원을 3개 정도 간격을 위지하면서 부어 준다.
5. 스팀피처를 들고 줄기를 가늘게 하면서 부어서 하단까지 내려 준다(날개의 형태).
6. 3~4를 하트 인 하트의 오른쪽 상단에서 진행한다.
7. 날개 사이의 중앙에 낙차를 줄여 부어 주면서 몸통을 그려 준다.
8. 7에서 줄기를 유지하면서 빨리 길게 빼준다.
   - 백조의 목은 J의 형태가 좋다(길고 우아하게).
   - 튤립형 날개의 하단에서 상단까지의 길이와 동일한 길이가 좋다.
9. 낙차를 더 줄여 크레마의 표면에 가까이 붙여서 부어 준다.
10. 스팀피처를 들어서 부리의 형태를 그려주고 마무리한다.
   - 부리가 길어지거나 짧지 않도록 튤립형 날개에 대고 그려 주면 효율적이다.

CORE 4PROCESS

하트 인 하트의 위치   날개형 튤립의 마무리   백조의 머리-낙차 조절   백조 부리의 마무리

REFERENCE

영상(구)   사이드 튤립 백조 1   사이드 튤립 백조 2   사이드 튤립 백조 3

튤립 로제타 백조

튤립 로제타 백조

2012년에 응용해 본 백조 Style이다.

지금까지도 국내 및 해외의 바리스타들이 많이 하는 디자인 중의 하나로, 튤립+로제타 결합 디자인의 응용 디자인이다.

1. 잔을 기울여 주고, 스팀밀크로 중앙 모으기를 한다.
   - 잔의 크기, 형태, 스팀밀크폼의 두께에 따라 상이하지만 1/4 정도까지 안정화시킨다.
2. 상단 위에서 유속을 강하게 주어 부어 주고 내리면서 낙차를 줄여 다시 올리면서 첫 번째 하트 베이스를 띄운다(↑↓↑).
   - 유속을 너무 위쪽에 줄 경우 잔을 타고 흘러 번짐 현상이 있을 수도 있다.
3. 하트 인 하트의 형태로 유속을 주며 핸들링을 한다.
4. 하트가 완성되면 로제타(하트 인 로제타)의 형태로 빼준다. 마무리는 하지 않는다.
5. 하트 인 로제타의 왼쪽 상단 위쪽에 폭이 좁은 로제타를 그리고 날개 형태로 마무리한다.
   - 비율이 잘 맞도록 핸들링을 조율한다.
   - 잔의 위쪽에 날개의 형태가 걸리지 않도록 주의한다.
6. 5를 하트 인 로제타의 오른쪽 상단 위쪽에 그려 준다.
7. 날개 사이의 중앙에 낙차를 줄여 부어 주면서 몸통을 그려 준다.
8. 7에서 줄기를 유지하면서 빨리 길게 빼 준다.
   - 백조의 목은 J의 형태가 좋다(길고 우아하게).
   - Rosetta형 날개의 하단에서 상단까지의 길이와 동일한 길이가 좋다.
9. 낙차를 더 줄여 크레마의 표면에 가까이 붙여서 부어 준다.
10. 스팀피처를 들어서 부리의 형태를 그려 주고 마무리한다.
    - 부리가 길거나 짧지 않도록 로제타형 날개에 대고 그려 주면 효율적이다.

CORE 4PROCESS

안정화-유속 생성　　하트 인 로제타　　로제타형 날개　　백조의 부리

REFERENCE

로제타 백조　　로제타 백조+하트　　토네이도 백조　　로제타 윙+백조

공작새

공작새

2012년도에 창작했던 공작새 패턴에서 발전된 형태이다.
넓게 펼친 날개와 꼬리, 화려한 왕관의 모양을 프리푸어링과 폼 에칭을
결합하여(왕관과 몸체의 표현이 다양함) 표현한 디자인이다.

PROCESS

1. 잔을 기울여 주고, 스팀밀크로 중앙 모으기를 한다.
   - 잔의 크기, 형태, 스팀밀크폼의 두께에 따라 상이하지만 1/2~2/3 정도까지 안정화시킨다.
   - 중앙보다 약간 하단에서 핸들링하여 외곽의 날개 형태를 만들어 준다(마무리×).
2. 1보다 짧은 핸들링으로 안쪽 날개의 형태를 만들어 준다(마무리×).
3. 바깥과 안쪽의 날개의 아래쪽에 푸어링으로 원의 형태를 부어 준다(몸체).
4. 잔을 기울여 낙차를 줄이면서 하단에 윙 팟 형태를 그려 준다.
5. 3에서 줄기를 유지하면서 빨리 길게 빼 준다.
   - 공작의 목은 J의 형태가 좋다(길고 우아하게).
6. 낙차를 그려서 원으로 머리를 그려 준다.
7. 밀크폼을 떠서 공작의 왕관 모양을 그려 준다.
   - 처음에 에칭기구를 깊이 담가서 위쪽을 작은 원형으로 만들어 준다.
8. 크레마로 눈과 부리를 그려 준다.
9. 공작의 꼬리 부분을 폼 에칭으로 그려 준다.
   - 3을 크게 부어 그려서 안쪽에 크레마로 그리는 방식이 완성도가 높은 편이다.
10. 에칭기구를 활용 아웃-인 방식으로 꼬리를 표현한다.

CORE 4PROCESS

안정화-날개의 간격 　　　하단부-윙 팟 　　　왕관의 간격-얼굴 　　　꼬리의 표현

REFERENCE

웨이브 스타일(초기) 　　　로테이션 　　　꼬리 부분 강조 　　　완성형

피에로

피에로

2013년 로제타의 변형에서 창작된 디자인이다. 푸어링과 프리푸어링의 여러 가지 스타일이 있지만, 중요한 부분은 모자와 얼굴의 표정을 에칭으로 잘 살려주는 데 있다.

1. 잔을 기울여 주고, 스팀밀크로 중앙 모으기를 한다.
   - 잔의 크기, 형태, 스팀밀크폼의 두께에 따라 상이하지만 1/3 정도까지 안정화시킨다.
   - 상단 중앙의 1/2 지점에서 시작해서 유속을 조금 주면서 첫 번째 하트 베이스를 띄운다.
2. 간격과 유속을 조절하면서 하트 인 하트 형태로 4개를 부어 준다.
3. 드래그로 왼쪽 방향으로 빼다가 마무리를 하트로 그려 준다(모자의 끝부분 표현).
4. 오른쪽도 같은 방식으로 그려 준다.
5. 잔을 숙이고 낙차와 줄기를 조절하면서 날개를 그려 준다.
6. 가운데에 하트를 넣어서 윙 팟을 완성한다.
7. 크레마를 찍어서 모자의 구분선을 그려 준다.
8. 크레마를 찍어서 눈과 눈썹 코를 그려 준다.
   - 눈은 깊게 찔러 넣어 크게 그려 준다.
   - 눈썹은 에칭기구의 끝부분에 살짝 찍어서 밖으로 빼주며 그려 준다.
   - 코는 눈과 같은 방식으로 그려주고, 밀크폼을 떠서 광택을 표현해 준다.
9. 크레마를 찍어서 웃는 입술을 그려 준다.
   - 안쪽에 이빨 부분을 남겨 두고 길게 그린다.
10. 피에로의 옷을 아웃-인 방식으로 그려 준다.
    - 간격 조절을 잘해서 결간 대칭을 맞춰 준다.

CORE 4PROCESS

간격 조절+드래그 하트

하단 윙 팟

얼굴 표정

옷의 표현(간격 조절)

REFERENCE

초기 디자인(카푸치노)

초기 디자인(카페라테)

베이스(프리푸어링)

혼합형

아빠~ 힘내세요!

아빠～ 힘내세요!

엔젤 베이비(튤립)에서 발전된 형태이다.

아이가 아빠에게 힘내라고 팔을 위로 올려 하트 모양으로 응원하는 모습을 표현한 디자인이다.

PROCESS

1. 잔을 기울여 주고, 스팀밀크로 중앙 모으기를 한다.
   - 잔의 크기, 형태, 스팀밀크폼의 두께에 따라 상이하지만 1/2~2/3 정도까지 안정화시킨다.
   - 상단 중앙의 1/2 지점에서 시작해서 유속을 조금 주면서 첫 번째 하트 베이스를 띄운다.
2. 간격을 조절하면서 하트 인 하트의 형태로 튤립을 그려 주고 마무리를 하지 않는다.
   - 하단부에 5개 정도, 머리를 그려 줄 마지막 원의 형태는 크게 부어 준다.
3. 잔을 기울여 낙차와 줄기를 조절하면서 왼쪽 부분에 로제타형 날개를 그린다.
4. 오른쪽에도 3번과 동일한 형태의 날개를 그려 준다.
5. 가운데에 하트를 넣어서 윙 팟을 완성한다.
6. 밀크폼을 에칭기구 끝부분에 찍어서 시계방향으로 회전하면서 귀를 그려 준다.
7. 크레마를 찍어서 머리와 눈-코-입을 그려 준다.
   - 머리는 곱슬머리 형태가 귀엽다.
8. 밀크폼을 에칭기구 끝부분에 찍어서 눈동자를 찍어 준다.
9. 밀크폼을 두껍게 찍어서 머리 위에 천사의 고리 형태를 그려 준다.
10. 튤립의 하단에서 아웃-인 방식으로 대각선으로 올려 준다.
    - 몸의 간격을 조절하면서 치마를 입은 형태를 표현한다.

CORE 4PROCESS

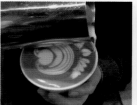

튤립형 몸-얼굴   윙 팟   얼굴-천사 표시   간격 조절-몸과 팔의 형태

REFERENCE

엔젤 베이비   로제타 엔젤   베이스-문구 전   완성형

순록

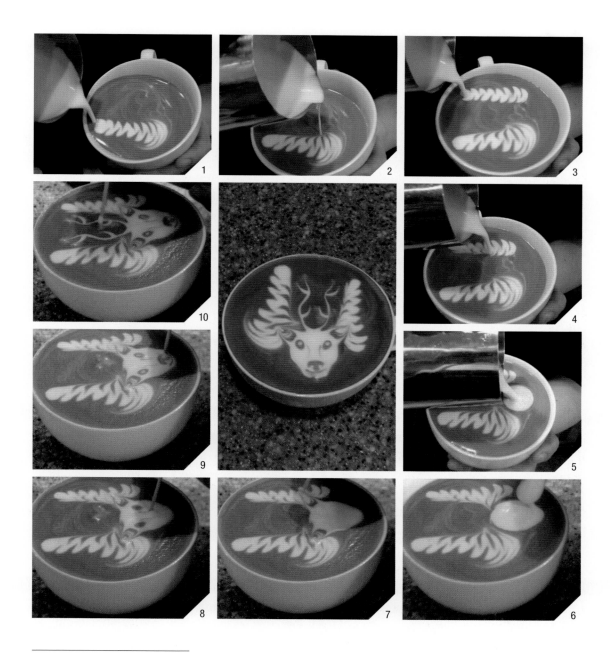

순록

2012년에 창작한 루돌프 사슴에서 변형된 형태이다. 윙 팟의 형태를 응용해서 큰 뿔과 얼굴을
그려 주고 밀크폼으로 가운데 뿔을 그리는 디자인이다.

1. 잔을 기울여 주고, 스팀밀크로 중앙 모으기를 한다.
   - 잔의 크기, 형태, 스팀밀크폼의 두께에 따라 상이하지만 2/3 정도까지 안정화시킨다.
   - 왼쪽의 중앙에서 시작하는 로제타로 유속을 주어 폭을 좁게 하면서 길이를 늘린다.
2. 스팀피처를 들어서 줄기를 가늘게 하면서 날개 형태로 마무리한다.
3. 1과 같은 형태로 오른쪽에 날개의 형태를 그려 준다.
4. 2과 같은 방식으로 날개의 형태로 마무리한다.
5. 4의 하단부에 낙차를 줄여 크게 부어 주면서 얼굴의 형태를 그린다(윙 팟 변형).
6. 밀크폼을 떠서 얼굴을 그릴 수 있도록 형태를 잡아 준다.
7. 밀크폼에 에칭기구를 담가 밖으로 빼면서 귀를 그려 준다.
8. 크레마를 찍어서 눈과 코의 뼈대를 그려 준다.
9. 밀크폼을 에칭기구 끝부분에 찍어서 눈동자를 그려 주고, 코의 하단부를 그린다.
   - 코를 두껍게 그려 주고, 연결하여 입을 그린다.
10. 밀크폼을 두껍게 찍어서 가운데 뿔을 그려 준다.

CORE 4PROCESS

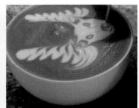

안정화-날개 얼굴 베이스 얼굴 표현 공간 활용-가운데 뿔

REFERENCE

루돌프 영상(2012년) 루돌프 초기 루돌프(Window) 메리 크리스마스

서핑

서핑

2013년에 창작한 디자인이다.

빅 웨이브의 형태를 응용하여 파도를 표현하고, 푸어링으로 태양의 베이스, 에칭으로 서퍼를 그린 여름용 라테아트 디자인이다.

PROCESS

1. 잔을 기울여 주고, 스팀밀크로 중앙 모으기를 한다.
   - 잔의 크기, 형태, 스팀밀크폼의 두께에 따라 상이하지만 1/2 정도까지 안정화시킨다.
   - 안정화가 많이 되면 유속이 발생되지 않거나, 깔끔하지 않을 수 있다.
2. 낙차를 줄이고 강한 유속을 주면서 회전이 푸어링 시작 지점에 올 때까지 핸들링한다.
3. 큰 핸들링을 유지하면서 웨이브 로제타를 그려 준다.
4. 마무리를 가운데가 아닌 날개의 형태로 옆면으로 시작한다.
5. 낙차를 줄이면서 드래그 기법을 활용하여 마무리한다(파도의 표면 표현).
6. 낙차를 줄여 상단 부분에 원을 그려 준다(태양 베이스).
7. 밀크폼을 떠서 서핑보드를 그려 준다.
8. 밀크폼을 작게 떠서 얼굴의 형태를 그려 준다.
   - 에칭기구의 끝부분에 밀크폼을 살짝 찍어서 팔을 그려 준다.
9. 밀크폼을 떠서 다리를 그려 주고, 서퍼를 완성시킨다.
10. 밀크폼을 떠서 태양의 햇살 부분을 표현한다.

CORE 4PROCESS

| 안정화-유속 | 핸들링 | 드래그-파도 표면 | 에칭-서퍼와 태양 |

REFERENCE

| Odd-Surfing(영상) | 여름-파도를 즐겨라! | 윈드서핑 | 죠스가 나타났다! |

사자

사자

2013년에 창작한 디자인이다.

Wave의 형태를 응용하여 사자의 갈기 부분을 표현하고 폼 에칭을 활용하여 얼굴을 그려 주는 형태이다.

PROCESS

1. 잔을 기울여 주고, 스팀밀크로 중앙 모으기를 한다.
   - 잔의 크기, 형태, 스팀밀크폼의 두께에 따라 상이하지만 1/2 정도까지 안정화시킨다.
   - 안정화가 많이 되면 유속이 발생되지 않거나, 깔끔하지 않을 수 있다.
2. 낙차를 줄이고 강한 유속을 주면서 핸들링을 해준다.
3. 큰 핸들링을 유지하면서 웨이브 로제타를 그려 준다(마무리×).
   - 사자의 입 부분을 그리기 위하여 공간을 확보한다.
4. 밀크폼을 떠서 눈썹과 이마를 그려 준다.
5. 밀크폼을 떠서 눈의 형태를 그려 준다.
   - 날카로움이 느껴지도록 옆으로 긴 형태
6. 밀크폼을 떠서 눈동자를 찍어 준다.
7. 밀크폼을 떠서 코를 그려 준다.
8. 밀크폼을 떠서 주둥이와 아래쪽 입 부분을 그려 준다.
9. 밀크폼을 떠서 눌러 주면서 수염 뿌리를 그려 준다.
10. 밀크폼을 떠서 안에서 밖으로 가늘게 빼 주면서 수염을 그려 준다.
    - 주둥이의 형태가 망가지지 않게 위로 들면서 가늘게 빼 준다.

CORE 4PROCESS

안정화-유속

웨이브-갈기

폼 에칭-눈

폼 에칭-간격 조절

REFERENCE

사자(기초형 영상)

사자(폼 에칭)

라테아트 베이직

사자-시연

얼룩말

얼룩말

2012년에 창작한 얼룩말에서 변형된 웨이브 형태이다.

Wave의 형태를 응용하여 얼룩말에 줄무늬를 표현하고, 폼 에칭으로 얼굴과 갈기를 그려 준다.

짧은 시간에 그릴 수 있는 효과적인 디자인이다.

PROCESS

1. 잔을 기울여 주고, 스팀밀크로 중앙 모으기를 한다.
   - 잔의 크기, 형태, 스팀밀크폼의 두께에 따라 상이하지만 1/2 정도까지 안정화시킨다.
   - 안정화가 많이 되면 유속이 발생되지 않거나, 깔끔하지 않을 수 있다.
2. 낙차를 줄이고 강한 유속을 주면서 회전이 푸어링 시작 지점에 올 때까지 핸들링한다.
3. 큰 핸들링을 유지하면서 웨이브 로제타를 그려 준다.
4. 마무리를 가운데가 아닌 날개의 형태로 옆면으로 시작한다.
5. 낙차를 줄이면서 드래그 기법을 활용하여 마무리한다(목의 하단).
6. 밀크폼을 떠서 얼굴의 형태를 그려 준다.
7. 얼굴에 이어서 목의 상단 부분을 그려 준다.
8. 밀크폼을 떠서 귀의 형태를 그려 준다.
9. 크레마를 찍어서 눈을 그려 준다.
10. 7에서 밖으로 연속으로 빼 주면서 갈기를 그려 준다.

CORE 4PROCESS

 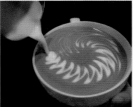  

안정화-유속   핸들링   드래그-목   갈기(연속 진행)

REFERENCE

크로키(2012년)   얼룩말 크로키(영상)   결 하트 응용(안장)   얼룩말 영상(초기)

호랑이

호랑이

2012년 호랑이의 형태에서 발전한 디자인이다.
유속을 활용한 로제타(심)를 이용하여 호피의 형태를 그려 주고,
크레마와 폼을 활용한 에칭으로 야성적이고 생동감 있게 표현한다.

1. 잔을 기울여 주고, 스팀밀크로 중앙 모으기를 한다.
   - 잔의 크기, 형태, 스팀밀크폼의 두께에 따라 상이하지만 1/4 정도까지 안정화시킨다.
2. 상단 위에서 유속을 강하게 주어 부어 주고 내리면서 낙차를 줄여 다시 올려 주면서 유속 로제타를 띄운다(↑↓↑).
   - 유속을 너무 위쪽에 줄 경우 잔을 타고 흘러 번짐 현상이 있을 수도 있다.
   - 로제타의 후반부에 줄기를 조절하면서 간격을 넓히며 빨리 빼 준다.
   - 로제타의 하단에 낙차를 줄여 크게 원을 그려 준다(얼굴용).
3. 로제타의 뒤쪽에서 얼굴 쪽으로 내려 주어 호랑이의 호피 모양을 그려 준다.
4. 얼굴의 안에서 밀크폼을 밖으로 끌어내면서 귀를 그려 준다.
5. 크레마로 호랑이의 눈과 눈동자를 그려 준다.
6. 크레마로 호랑이 얼굴의 선을 그려 준다(3개 정도).
7. 크레마로 주둥이, 입과 코, 밀크폼을 밖으로 끌어내면서 털 부분을 표현해 준다.
8. 크레마로 주둥이에 간격을 유지하면서 수염을 그려 준다.
9. 밀크폼을 찍어서 호랑이의 몸과 다리를 그려 준다.
10. 밀크폼을 찍어서 로제타 날개 쪽을 살려 꼬리를 그려 준다.

CORE 4PROCESS

안정화-유속 유속 로제타(심) 호랑이 얼굴 로제타 날개-꼬리

REFERENCE

호랑이(크로키) 호랑이(일반 로제타형) 호랑이(로제타 심)-꼬리 호랑이-컨벌스

MEMO

스페셜리스트 디자인-비주얼

Design by 엄성진(Um Paul)

인디언

인디언

엄성진 바리스타의 대표작 중에 하나인 인디언이다.

로제타 베이스에 얼굴 부분에 폼을 얹어서 베이스를 만들어 주고 크레마와 폼으로 머리띠와 얼굴 옆면의
섬세함을 살린 디자인이다.

백조

백조

엄성진 바리스타의 Swan 대표작 중에 하나이다.
하단에 라인 하트로 물결의 형태를 그려 주고 폼과 에칭을 활용하여 꼬리와 부리, 귀여운 얼굴까지
섬세함을 보여 주는 디자인이다.

ONE WAY →
MY COFFEE MY DREAM

Design by 최원재(Dash)

장미 한 송이

장미 한 송이

최원재 바리스타가 특성화하고 발전시킨 Flower 형태이다.
로제타, 드래그, 푸어링과 에칭의 4박자가 조화를 이루는 작품으로
장미의 봉우리와 잎의 끝부분, 나비의 디테일이 높은 디자인이다.

달빛 부엉이

달빛 부엉이

최원재 바리스타의 2015 국가대표 선발전 디자인이다.

드래그로 나무를 표현하고 날개 푸어링에 이은 에칭으로 달빛 아래
나무 위에 앉아 있는 부엉이를 표현한 크레마와 디자인의 매칭이 뛰어난 작품이다.

백조 여왕

백조 여왕

이해경 바리스타가 디자인한 Swan Style이다.
날개를 활짝 펼친 백조를 보면 화려한 백조 여왕의 자태가 떠오르는
푸어링과 에칭이 결합된 공간 활용과 완성도가 높은 디자인이다.

순록

순록

이해경 바리스타의 2015년 국가대표 선발전 디자인이다.
발레리나 백조에서 응용된 스타일로 하단부를 순록으로 변형하고 백조
머리 쪽을 뿔로 응용한, 순록의 표정이 살아 있는 완성도 높은 디자인이다.

MEMO

스페셜리스트 디자인-테크니컬

전사

전사

최철호 바리스타가 디자인한 전사이다.
영화 〈300〉의 스파르타 전사를 보고 영감을 얻어서 만들었다고 하며,
프리푸어링과 로테이션, 에칭이 결합된 디자인이다.

왕관-독수리

왕관–독수리

최철호 바리스타가 만든 Rotation 디자인이다.
윗면과 가운데(크레마)는 왕관, 뒤집으면 아랫면은 독수리를 표현했다. 하늘의 왕은 독수리라는
의미를 담고 있는 디자인이다.

Design by 이유진(Fulfile Lee)

비와 소녀

비와 소녀

이유진 바리스타가 창작한 디자인이다.

겨울이 지나고 다가오는 봄, 내리는 빗속을 혼자 우산을 쓰고 걸어가는 소녀를 표현한

감성적인 디자인이다.

천사와 악마

천사와 악마

이유진 바리스타가 만든 Rotation 디자인이다.

윗면은 천사, 180도 돌리면 아랫면은 악마가 보이는 형태이다. 사람은 누구나 천사의 마음과
악마의 마음이 공존한다는 스토리가 담겨 있는 디자인이다.

Design by 양주은(Aire)

무궁화

무궁화

양주은 바리스타가 만든 Flower 디자인이다.

무궁화는 우리나라 꽃으로 아래쪽 태극 문양에는 애국심도 함께 담겨 있다. 꽃말은 섬세한 아름다움,
은근과 끈기, 강인함 등이다.

무당벌레

무당벌레

양주은 바리스타가 창작한 디자인이다.

로제타를 나무로 표현하고, 나무를 타고 정상으로 올라가는 무당벌레를 작품화했다.

프랑스인은 무당벌레를 하느님이 주신 좋은 생물이라고 한다.

MEMO

라테아트 어드밴스 챔피언십

라테아트 어드밴스 대회

스페셜리스트(심사위원)

Team1. 정경우(Head Judge)

Team2. 엄성진(Head Judge)

Team3. 최원재(Head Judge)

1. 임승민(Visual Judge)

2. 이해경(Visual Judge)

3. 최민근(Visual Judge)

1. 이유진(Technical Judge)

2. 최철호(Technical Judge)

3. 양주은(Technical Judge)

라테아트 어드밴스

대회의 심사는 총 9명 3개조로 구성되며
각 팀은 1명의 Head Judge와 Visual과 Technical Judge 각 1명으로 구성된다.
※심사위원은 상황에 따라 변동될 수 있다.

대회 개요

—

대회명 라테아트 어드밴스 대회(LATTE ART ADVANCE CHAMPIONSHIP, LAAC)

일시 8~10월 중

장소 현대직업전문학교 소극장

운영진

심사장
커피아저씨 김재근 교수

운영위원장
커피마리오 대표 박근형

기술위원장
커피브라더스 대표 박솔탐이나

진행자
커피중대장 정연호

참가대상 대학생(성별, 나이, 학과, 학년 등 제한사항 없음)
　　　　　 – 학교당 최대 3명으로 제한(선착순 40명)

대회진행 1. 대회는 토너먼트로 진행된다.
　　　　　　 – 대회전 OT 진행, Rule 설명 및 Q&A
　　　　　　 – 순번은 대회 당일에 추첨한다(제비뽑기).
　　　　　　 – 준비시간 3분, 시연시간 5분, 정리시간 2분
　　　　　　 – 선수는 시연시간 동안 1개의 디자인을 횟수 제한 없이 완성하여 제출한다.
　　　　　　 – 제한시간 이후에 제출된 작품은 평가대상에서 제외한다(심사 테이블 위까지).
　　　　　　 – 대회의 잔과 스팀피처, 우유의 제한은 없으며 선수가 준비한다.
　　　　　 2. 대회 참가자는 라테아트 어드밴스의 디자인만 사용 가능하다(앨범 제외).
　　　　　 3. 한 번 사용한 디자인은 다음 번 경기에서 사용할 수 없다.
　　　　　 4. 선수 시연에 이어 심사위원들의 오디션형 분석이 진행된다(평가 포함).
　　　　　 5. 심사위원 토의 후에 진출 여부를 결정한다.

시 상　 1, 2, 3위(상장과 부상)

※ OT–대회 일정과 장소, 세부 규칙은 추후 공지(변경 가능)

후원과 이벤트

따뜻한 커피(후원 PART I/X)

에베르통(Everton)

-브라질

마우리시오(Mauricio)

-엘살바도르

비니암(Binyam)

-에티오피아

미구엘(Miguel)

-과테말라

다르윈(Darwin)

-온두라스

와휴(Wahyu)

-인도네시아

르티피와(Ltipiwa)

-케냐

왈테르(Walter)

-페루

다니엘(Daniel)

-탄자니아

라테아트 어드밴스

수익금은 전액 커피 생산 국가 아이들의 꿈과 삶에
빛을 주기 위한 따뜻한 후원금으로 사용됩니다.

이벤트

정경우(Corea Coffee Belt)

엄성진(UM Paul)

최원재(Dash)

임승민(La.p)

이해경(Elly)

최민근(Kalas)

이유진(Fulfil Lee)

최철호(Noah)

양주은(Aire)

라테아트 어드밴스

Speciallists(9명)의 개인 서명을 전부 모은 1분께 《라테아트 베이직》 교육을 무료로 진행해 드립니다. 서명이 완료된 본 페이지 사진을 010-9038-6692로 보내 주시면 됩니다.

라테아트 앨범

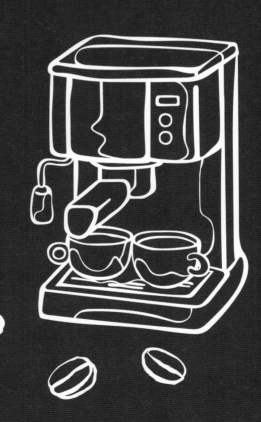

Design by 정연호

ALBUM NO.21

라테아트를 하면서 만든 21번째 앨범을 짧은 스토리와 함께 책 속에 담다.

사랑

예전에 만든 라테아트 스토리 'Love(영상)'이다.
동행 넷의 '사랑'을 좋아해서 저작권자께 직접 연락을 해서 허락을 받고
만들었던 이야기이다.

병신년(새해 복 많이 받으세요)

2014년에 2015년이 병신년인 줄 알고 만든 작품이다(동영상).
요... 욕한 게 아니라는 거 아시죠?
연도가 맞았으면 더 많은 디자인을 그렸을 텐데 하는 아쉬움이 남는!

LATTE ART
ALBUM NO. 3

문어, 먹물과 함께 사라지다

문어와 오징어는 먹물을 가지고 있습니다(동영상).
위급한 상황일 때 먹물을 내뿜고는 도망을 가죠. 너무 많이 잡혀서 과연 쓸모가 있을까 하는 생각을 하지만.
사람이 제일 무섭죠.

흐름

모든 것은 흐름이 있다.
그냥 흘러가기도 하지만 돌고 돌아 다시 되돌아오기도 한다.
계속하다 보면 나를 위한 흐름도 오겠지? 벌써 몇 바퀴째인가?

서퍼들

삶을 바다에 비유하기도 한다.
한없이 잔잔하지만 태풍이 오기도, 파도가 치기도 한다.
지금 나에겐 태풍 같은 시기지만, 서핑하기에 좋은 파도가 치기를 기다린다.

크로키 에칭

크로키 에칭은 반드시 똑같이 그릴 필요는 없다. 특징을 잡아서 빨리, 비슷하게 하는 것이 중요. 연습하다 보면
자연스럽게 완성도가 높아지게 된다. 먼저 좋아하는 하나의 캐릭터를 완벽하게 소화하고 점점 늘려 나가면 되는데,
기본 푸어링인 원과 하트를 연습하면서 더 효율적으로, 망가진 푸어링을 에칭으로 살려보는 재미를
느껴 보길 바란다.

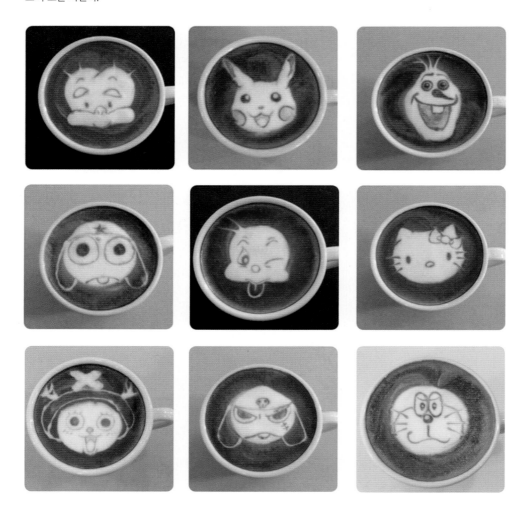

즐기다

무엇인가를 즐기려면 집중도 해야 하고, 잘 해야 한다.
라테아트를 즐기기 위해서 필요한 것은?
끈기 있는 연습과 망한 작품이 가득 담긴 카메라!

호랑이 스타일

머리말에서 언급했지만 다시 한 번 강조하려고 한다.
라테아트를 잘 하는 사람은 많다.
라테아트만 잘 하는 사람이 아니라 라테아트도 잘 하는 사람이 되기를 바란다.

연습은?

처음엔 알기 위한 연습, 다음엔 쫓아가기 위한 연습, 그 다음엔 앞서가기 위한 연습.
그 이후엔 흐름에 뒤처지지 않고 유지하기 위한 연습, 지금은 즐기기 위한 일상이 되어버린 연습.
커피는 다 그렇지 않을까? 공부와 연구, 연습하면서 즐기기!
물론, 재미있게 즐기기가 쉽지만은 않다.

바리스타

2007년 핸드드립 하는 바리스타로, 캔버스에 그린 캐리커처이다.
2007년 매장을 운영하는 오너 바리스타일 때의 사진이다.
 물론, 믿기지 않지만 그때는 상태가 일단 괜찮았던 걸로!

캐리커처

커피아저씨 매장의 캐리커처와 닮은 캐릭터이다.
커피아저씨 김재근 교수님, 철호-효진-유진 바리스타이다.
캐리커처가 사람과 똑같을 필요는 없다. 특징을 잡고 비슷하게 하는 것이 중요하다.

뽀빠이

2012년에 그려 본 뽀빠이다. 당연히 사진도 2012년도 모습이다.
시간은 참 빨리도 흐른다. 직업 군인이었을 때 별명 중 하나가 뽀빠이다.
별사탕이 너무 적어! 더 넣어 주세요!

루돌프의 발전 단계

2012년부터 창작했던 디자인인 루돌프의 발전 단계이다.
크리스마스를 겨냥한 겨울 시즌 라테아트로 이 디자인들의 최종 단계가 순록이다.
뿔의 형태를 어떻게 그리는지가 중요 포인트이다.

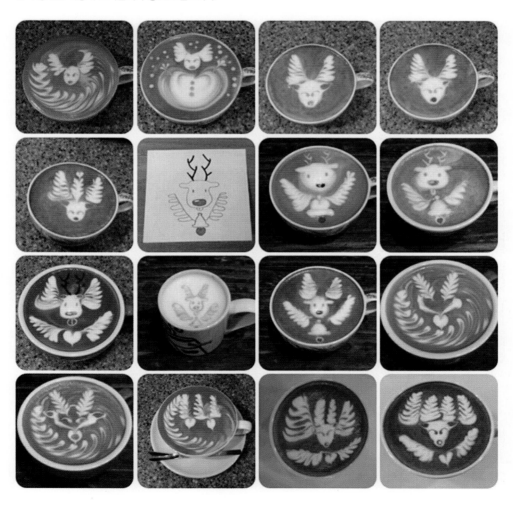

앵그리버드(5년차 체리)

5년차가 된 참새 체리의 모습이다.
참새가 맞다! 자는 것을 깨웠다고 눈 치켜뜨고, 손가락만한 똥질을 자판에 하고는 비장한 표정을 짓는 개새?
앵그리버드가 우리 집에 한 마리 있다.

테이크 아웃

테이크아웃, 가지고 나간다. 왜? 바빠서? 가격이 저렴해서? 들고 다니면서 마시려고? 오랫동안 마시려고?
지적으로 보여서? 매장에 사람이 많아서? 양이 많아 보여서? 치우기 귀찮아서? 냉난방용으로? 습관적으로?
우리나라는 예로부터 음식은 앉아서 천천히 먹으라고 했는데... 시대의 변화인가? 당신은?

기도

2012년에 연습해 본 디자인인 기도(두 손을 모은 형태)이다.
기본 하트 베이스를 활용한 크로키, 개인적으로 마음에 들게 만들어졌다.
요새는 기도할 일이 참 많은 세상이다.

천사 스타일

천사와 악마는 개인적으로 좋아하는 캐릭터이다.
중요 포인트는 역시 천사의 날개. 사람은 누구나 양면성을 가지고 있다.
두 가지 중에 어느 부분의 모습이 당신의 삶 가운데에서 더 많은 비중을 차지하나요?

캔버스 푸어링

캔버스의 원리는 일반 라테아트와 같다.
바탕이 스팀밀크이고 푸어링을 커피로 할 뿐!
뒤바뀐 운명과 뒤바뀐 그림, 과연 맛은? 같다. 다르지 않다.

참새 체리(1년차)

집을 응가 밭으로 만들고 있는 5년차 참새 체리다.
털도 나지 않는 상태로 아스팔트 위에 떨어져 있던 녀석이 지금은 가족이 되었다.
1년차에 '커피 마리오'에서 그려 보았던 어릴 적 모습이다. 최장수 참새를 위해!

뭉크의 절규

2013년에 다시 재도전한 크로키 디자인인 뭉크의 절규이다(동영상).
왜 뭉크의 절규인가는 동영상을 보면 알 수 있다.
커피를 하면서 절규를 한 적이 얼마나 많았는지! 셀 수가 없다.

퍼즐 드래곤

2012년 용의 해에 4인용으로 만든 퍼즐 드래곤 라테아트이다.
맞추기가 너무 쉽다는 단점이 있지만 보는 즐거움이 있다. 단체손님이 왔을 때 빠르게 만들어서 나가면
반응이 괜찮다.

대한민국(호랑이)

우리나라 지도(호랑이)다.
캔버스로 그려 본 우리나라 지도, 용맹한 호랑이의 모습이다.
독도는 우리 땅! 건들지 마라!

말 커플

2014년에 창작한 디자인이다.
2014년 말의 해를 기념하려고 만들었다.
프리푸어링에 크로키를 가미해서 만들었는데 완성도가 높은 편이다.

부엉이 커플

2013년에 창작한 응용 디자인인 부엉이 커플이다.
하트인 하트 형태 안에 에칭으로 부엉이를 그려 주고, 하트의 밖에서 안으로 넣어 주어
날개의 형태를 그린 후 밀크폼을 떠서 하트로 마무리하는 디자인이다.

비둘기 커플

2013년에 만든 디자인이다.
상단 하트인 하트에 비둘기 두 마리를 그려 준다(마주보며 날갯짓하는 형태).
하단 윙 팟의 중앙 하트 안에 크레마로 하트를 그려 준다.

홍학 커플

2014년에 만든 디자인이다.
하트인 하트의 안에 크로키로 홍학 두 마리를 빠르게 그려 주고 윙 팟의 하트까지 다리를
길게 연결한 다음 발을 그려서 만든 디자인이다. 긴 다리가 부럽다.

다람쥐 커플

기초 디자인인 윙 팟을 응용하여 만든 다람쥐 커플 디자인이다.
상단 하트인 하트에 다람쥐 두 마리를 그려 준다(하트를 안고 있는).
하단 윙 팟의 중앙 하트를 도토리로 표현해 준다.

키스

연인-키스의 다양한 디자인들이 있지만, 좀 더 사실적으로 표현한 디자인이다.
기본 하트의 안에 크로키로 연인을 섬세하게 묘사했다. 잔의 회전을 주고
외곽을 핀휠-스핀 방식으로 회전시켜서 몽환적인 느낌을 만들어 보았다.

노인과 바다

노인이 바다 위에서 가진 감정들은 어떤 것들이었을까? 대회에 나가는 바리스타에게 만들어 준 디자인인
청새치와 결합된 푸어링과 에칭의 콜라보 디자인이다. 약한 유속을 준 사이드 튤립으로 청새치를 그려 주고,
공간의 활용을 위해 밀크폼과 크레마 에칭으로 배와 노인을 그린 디자인이다.

천사(로제타 변형)

천사와 관련된 다수의 디자인이 있지만, 하단부를 로제타를 응용해서 만든 천사 스타일로는 최초의 형태이다.
하단부의 로제타가 넓고 예쁘게 퍼질수록 더 효과적이다.
Rosetta-Swan의 발전형으로 날개와 몸을 천사로 변형시켰다.

무당벌레

2012년에 창작한 디자인이다.
옷에 붙어 있는 무당벌레를 보고 기본형 튤립에 크로키의 형태로 만들어 보았다. 무당벌레의 다리는 몇 개일까요?
정답은... 직접 세어 보세요!

댕기머리 소녀

2012년에 창작한 기초 디자인이다.
하트 인 하트의 형태에 밀크폼 에칭으로 머리와 댕기를 표현했다.
왠지 소... 소녀 같지 않은 느낌이지만!

달팽이

2012년에 창작한 디자인인 달팽이다.
기초에서 발전하여 튤립-드래그-웨이브-윙 팟 형 형태까지 다양하다. 달팽이집과 눈의 표현에 따라 다양한
스타일이 나오는 디자인이다.

원숭이(손오공)

2016년은 원숭이의 해.
Happy New Year, 2016년 커피는 어떤 변화가 있을까요?
손오공 하면 역시 꼬리, 여의봉, 근두운이 생각나죠?(여의봉 편 동영상)

원피스 루피

원피스의 루피~~ 고무고무!
로테이션으로 드래그 하트를 간격 조절하면서 그려 준 후에 중앙 부분에 크로키로 밀짚모자를 쓴 웃는 루피의
얼굴을 그려 준다.

양+아치+? 손가락

××××× 손가락(?), 외국 사람들은 모르는!
해설은 굳이 하지 않아도 됩니다.
왠지 욕하는 것 같은 느낌의(?) 커피에 이런 사람들도 좀 있답니다, 아쉽게도!

울트라맨

어린 시절 남자아이들이 좋아하는 만화 중에 하나였던 〈울트라맨〉.
울트라맨의 기술 중에 하나였던 울트라 빔! 인공호흡이라고 할까?
디자인을 살려보고자 하는 노력!

늑대

2012년에 만든 창작 디자인이다.
푸어링은 하트인 로제타의 형태로 간단하다.
남자는 늑대여야 한다(?). 아~~~울.

풍차

2012년에 만든 풍차를 보완한 디자인이다.
웨이브를 절반 정도만 돌려 주고 로테이션으로 대각선 사방에 회전하는 날개를 그려 준다. 회전날개 가운데에
하트와 하단에 로제타로 풍차의 몸체를 표현했다.

튤립 스타일

2013년에 만든 디자인이다.
응용 디자인으로 간단하다.
기존에 있던 패턴들을 쌓으면 되는! 창작도 마찬가지이다.

바이크

2013년에 창작한 프리푸어링인 바이크이다.
푸어링과 드래그 하트의 결합형 디자인으로 달리는 바이크의 형태를 표현했다. 그 당시 디자인의 명칭은?
"오빠 달려!"

해마

2013년에 창작한 프리푸어링 해마 디자인이다.
Wave-Wing-Rosetta Drag Heart.
바다 속 아래에 서 있는 해마를 표현해 본 건데, 해마 같나요?

혼돈의 꽃

2013년 창작한 디자인인 카오스 플라워이다.
외곽을 폭이 좁은 웨이브로 돌려 주고 로테이션 드래그로 꽃잎의 형태를, 가운데 부분에
유속을 주면서 하트를 집어 넣어 꽃봉오리를 표현했다.

로테이션 로제타(화살)

2013년에 만든 디자인이다.
로테이션으로 중간 유속과 큰 핸들링으로 로제타를 그려 주고, 위쪽 공간을 총각무의 형태로 그려서 화살로
표현한 디자인이다.

로테이션 튤립(토네이도)

로테이션 로제타를 토네이도 형태로 그려 주고 튤립을 그린 형태이다.
약한 유속을 주어 로제타의 하단부가 크게 퍼지게 하여 잔 안에 패턴이 가득 찬 느낌이
들도록 만들어 주는 디자인이다. 프리푸어링의 조합은 끝이 없다!

핼리혜성

커피를 마시고 잠이 잘 오지 않는 새벽, 창 밖으로 떨어지는 유성을 보면서 생각한 디자인이다.
베이스를 푸리푸어링인 웨이브로 감싸 주고 양쪽 로제타 핸들링으로 낙하하는 속도감을 표현했다. 중앙에
로제타+하트로 혜성의 형태를 그리고 마무리한다.

물음표

2014년에 창작한 디자인이다.
생각이 만든 아침, 머릿속에 '?' 하고 떠오른 패턴을 그대로 그려 보았다.
날개와 드래그 하트의 결합으로 생각보다 쉽게 그려진다. 당신은 생각하는가?

표적

2012년에 만든 기초 디자인이다.
안정화를 많이 한 후에 천천히 표적 판의 원 형태를 그려 주고 가운데에 만발(?)을 그려 주는 디자인이다.
우리나라 양궁은 세계 최고, 커피도 세계 최고가 되기를 바라면서!

케르베로스

2012년에 창작했던 디자인이다.
케르베로스의 머리는 3개이고 사냥개의 모습으로 지옥문을 지킨다고 하는데, 머리를 무섭게 그리는 것은
그 당시에는 조금 무리였었던 것 같다. 조만간 도전!

카오스 플라워

2014년에 만든 디자인이다.
초창기에 창작했던 카오스 패턴을 응용해서 혼란스럽게 보이는 꽃의 스타일을 표현했다.
웨이브-드래그-윙 팟 등이 결합된 프리푸어링 디자인이다.

파초선

무더위가 시작되던 여름에 창작한 디자인이다.
Rosetta-Rotation-Wing-Tulip 부채가 생각나서 파초선(?)의 파초 잎 모양은 아니지만 만들고 나서 내 맘대로 이름을 붙였다고나 할까!
이게 바로 창작의 묘미 아닐까 한다.

식스팩 백조

2013년에 창작한 디자인이다.
운동의 중요성! 많은 사람들이 자신의 몸을 관리하며 가꾸는데 그러지 못하는 자신을 반성하며 부러움을 반영한
디자인이다. 식스팩 부분은 푸어링으로 표현했다.

리플렉션 백조

호수 위에 반사된 백조의 모습이다.
리플렉션 백조는 단순히 스팀피처에 반사된 모습을 보고 떠오른 이미지를 디자인화한 것으로,
2012년에 심심해서 창작했던 형태에서 완성도를 조금 높였다.

튤립 백조 스타일(발전)

개인적으로 좋아하면서 쉽게 생각하는 2가지 패턴의 결합으로 2011년에 창작했다.
시작은 최정상에서 활동하고 있는 두 유명 바리스타들부터였다.
양쪽에 두 가지 패턴을 그려 보는 것은 어떨까요?(시작 디자인의 명칭은 아수라).

백조 대 거미

2013년에 만든 백조 vs. 거미 디자인이다.
하단 튤립의 완성도가 떨어져서 보완하기 위해 만든 에칭의 형태이다.
웨이브-튤립-백조-밀크폼과 크레마 에칭으로 거미를 표현했다.

로테이션 백조

2014년에 만든 디자인이다.
로제타를 베이스로 로테이션을 한 후 반대편에 백조를 그려 주어 로제타의 빈 공간을 날개로 채워 주고,
심으로 비어 있는 중앙과 상단부는 몸과 머리로 채웠다.
디자인... 이제 더 이상 나올 게 없다? 누가 그런 말을 하는 거지!

X 백조

백조의 날개를 꼭 길게 표현할 필요가 있을까?
백조의 몸과 목을 굳이 우아하게, 길게 그려야 하나?
단순한 반항심(?)에서 만든 백조의 스타일 디자인이다.

플라워 백조

기초 디자인인 플라워 팟에 백조의 몸을 하트로, 목과 상단에 백조의 머리를 추가한 응용-창작 패턴 중 하나이다.
디자인의 응용과 창작에 끝이 있을까?
끝이 없어서 다행이다.

와일드 오리 스타일

2013년에 만든 디자인이다.
망친 디자인을 살려내는 것도 라테아트를 하는 바리스타의 몫이다.
높이 더 높이, 멀리 더 멀리 날아가고 싶다.

백조 팟

2012년에 창작한 디자인이다. 간단하다. 결국엔 같은 난이도이면서 플라워 팟의 하단부를 백조로 바꾸었을 뿐.
생각나면 바로 만들어 보던 시절이 있었다. 창작의 고통? 그런 것 없이 수많은 디자인을 만들어서 공유의
개념으로 올려놓은 패턴들이 많은데, 시간이 지나서 보면 재미있는 일들이 많이 일어나는 것을 보게 된다.
누가 먼저 했느냐가 중요한 건 아니니까! 재미있지?

코끼리 – 백조

대회용으로 만들었으나 사용하지는 않은 디자인이다.
코끼리 안에 자세히 보면 백조 커플... 보이는지?
백조 날개를 상아, 머리 쪽을 눈과 눈썹으로 표현했다.

로제타 – 튤립2 백조

창작한 백조 디자인 중에 하나이다.
하단부에서 시작하는 유속 로제타를 그려 주고, 양 사이드에 튤립 날개 형태의 백조를 그려 준 후
크레마 에칭으로 얼굴을 마무리한다.

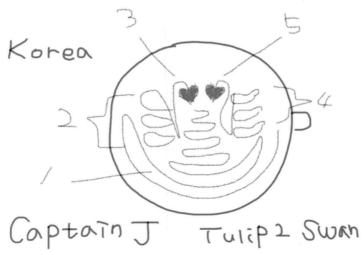

백조 – 사랑

수많은 창작을 했던 백조의 디자인 중 하나이다. 초안을 그대로 디자인으로!
로제타형의 날개를 중간 부분을 많이 비워 두고 양 끝부분에 그려 준 후, 중앙 부분에 목을 마주하고 있는
두 마리 백조의 형태를 그리고 하단부는 하트로 마무리한다.

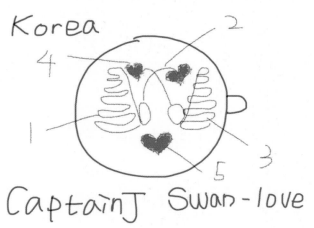

웨이브 로제타 백조

2013년에 만든 디자인이다.
토네이도식으로 로제타 핸들링을 하여 날개 형태를 마무리하고 그 위에 로제타를 연결,
최종으로 위쪽에 백조로 마무리한 디자인이다. 응용하기 쉬운 백조... 쉬운 패턴 중에 하나이다.

드래그 백조

2012년에 창작했던 디자인이다.
하단에 유속을 주어 로제타를 넓게 퍼트린 후 양쪽의 로제타의 날개 형태를 드래그의 형태로 끌어서 표현한
디자인이다. 드래그의 활용의 폭은 넓다.

아기 코끼리 덤보

아기 코끼리 덤보 디자인이다.
스완 팟이 잘못된 디자인의 가운데 부분을 아기 코끼리 덤보로 변환시킨 디자인이다.
역시 아기 코끼리일 때가 가장 효과적인 것 같다.

밀림의 왕 레오

바람을 가르고 밀림 속을 달린다!
기억을 하는 사람의 나이대가 유추되는(?) 밀림의 왕 레오. 하트 인 하트의 형태에 얼굴을 그리고,
하단부 로제타 팟에 점프하는 듯한 발을 표현했다.

악어

2014년에 창작한 악어 디자인이다.
Big-Wave와 드래그로 악어의 몸체를, 밀크폼을 떠서 얼굴과 발 등의 위치에 올려 주고
크레마 에칭으로 세부적으로 표현해 준다(조금 귀여운 느낌).

곰돌이 푸(액자형)

창작한 Frame 패턴 베이스의 중앙에 효과적인 에칭이다.
좋아하는 디즈니 캐릭터 중의 하나로, 안정화를 많이 하고 틀을 만들어 주어야 한다.
완전 귀엽지! 명대사도 많고... 암컷이라는 충격이!

엑스칼리버

2014년에 만든 엑스칼리버이다.
하트 인 하트의 안쪽에 신검 엑스칼리버를 그려 주면 된다(아래 하트를 바닥으로 표현).
뽑아 봐! 바닥에 박힌 칼도, 커피도. 맛있게 말야!

바닷속 이야기

2013년에 만든 바다 속 이야기!
Crab+Starfish 가운데 하트 부분이 망가져서 전환한 디자인이다.
중앙에 밀크폼과 에칭으로 꽃게를 윙 팟 하단의 하트를 불가사리로 표현한다.

탄생 – 원앙새

응용하여 만든 창작 디자인이다.
윙 팟을 기본으로 가운데 부분을 원앙새 커플로 그려 주고 하단부의 하트를 알을 깨고 부화한 아기 원앙새로
표현한 디자인이다.

눈사람

겨울에 눈이 오면 가장 많이 만드는 것은? 바로 눈사람이 아닐까 한다.
그 모양과 형태는 다양하지만! 몸과 머리를 만들고, 얼굴을 그려 주면 되는 눈사람.
이상하게 눈이 많이 내리지 않는다!

메리 크리스마스

대회에 나가는 바리스타에게 만들어 준 디자인인 메리 크리스마스.
형태는 뒤바뀌어도 상관없지만 겨울을 대표하는 캐릭터인 루돌프와 산타, 눈사람들이
디자인 안에 들어가면 된다. 산타클로스는 있었으면 좋겠다.

눈사람 팟

2008년에 만든 눈사람 디자인의 발전형이다.
겨울이 오면 어릴 적에 자주 만들었는데, 어느 순간부터는 보기도 힘들어진 것 같다. 이제부터는 매년 눈이 내릴 때마다 만들어야겠다.

문어

창작한 문어 디자인이다.
문어의 다리는 몇 개일까요? 8개입니다. 하나는 강의시간에 뜯어 먹었어요! 로테이션으로 로제타를 그려 주고
가운데에 푸어링으로 원을 넣어 에칭으로 마무리한다.

에스프레소

2014년에 만든 디자인이다.
상단 하트 인 하트에 포터필터에서 에스프레소가 추출되는 모습을 그려 준다.
하단 윙 팟까지 연결하여 하트 안의 샷 글라스에 담기는 커피를 그려 준다.

강아지

Frame 베이스의 중앙에 Dog!
프리푸어링과 에칭이 결합된 디자인으로 안정화를 많이 하고 중앙 부분에 귀여운 표정의
개를 그려 준다. 역시 강아지가 가장 귀여운 듯하다.

비오는 날의 개구리

2013년에 창작한 디자인이다.
《라테아트 베이직》에 나와 있던 개구리 디자인의 발전형이다.
비 오는 날의 개구리를 표현해 본... 개굴개굴!

불곰

초간단한 불곰 디자인이다.
웨이브 하트를 얼굴의 털로 표현하고, 밀크폼을 떠서 귀-눈썹-눈 등의 부분을 그리며,
크레마 에칭으로 귀-코, 입을 마무리해 준다.

거북

2013년에 만들었던 디자인이다.
윙 팟을 응용하여 하트 인 하트의 형태에 거북이의 몸을 그려 준다.
다리와 얼굴은 밀크폼을 떠서 완성한다.

달과 토끼

창작 디자인인 달과 토끼다.
어릴 적 생각했던 달 속에 토끼는 항상 절구질을 하고 있었다. 지금 달에 가 있는 건 우주선,
달에 토끼가 있었다는 것은 무슨 뜻이었을까?

거미줄에 걸린 나비

웨이브 드래그 하트를 베이스로 소스 에칭을 가미한 디자인이다.
드래그 하트를 활용하여 거미줄에 걸린 나비의 진동을 느끼고 다가오는 거미를 표현한 디자인으로,
다소 잔인하다는 소리를 듣기도 한 기초적인 작품이다.

드래곤 1

2013년 외국 바리스타의 요청으로 만들어 본 드래곤 디자인이다.
로고로 쓰고 싶다고 해서 푸어링과 드래그 하트를 응용하여 만들어 봤다.
상당히 만족해하여 개인적으로도 기분이 좋았던 스타일의 드래곤이다.

드래곤2

Dragon 전체의 모습을 표현한 디자인이다.
Wing-Drag Swan-2Heart-에칭의 단계로 초안은 드래그 백조였으나,
마음에 들지 않아서 용으로 변신시켜 보완한 형태이다.

더블 드래곤

개인적으로 좋아하는 드래그를 이용한 드래곤 디자인들이다.
더 많은 패턴들을 시도했는데, 두 마리 형태의 좌우 또는 위아래 대칭 형태이다.
드래그로 용의 몸을 표현하고, 하트로 용의 얼굴을 표현해 준다.

부엉이 스타일

부엉이 디자인도 다양한 스타일이 있다.
변화가 있는 것은 눈과 귀, 날개, 발의 형태 정도이다.
외국인 바리스타가 요청한 디자인도 있었다.

상모 돌리기

강의시간에 터진 상림이의 아이디어 작품이다.
Wave-Drag-Foam Etching.
학생들과 함께여서 항상 즐거운 시간들. 군 복무 잘하고 오길.

일출

2013년 바닷가에서 아침에 떠오르는 태양의 모습을 보고 만들어 본 디자인이다.
하단부를 라인하트로 표현해서 반사되는 모습을, 드래그와 하트 베이스를 에칭으로
햇살의 모습을 표현했다. 베트남의 선라이즈가 문득 생각나곤 한다.

암모나이트

2012년에 창작한 암모나이트 디자인이다.
웨이브를 2/3 정도 준 후에 드래그로 가는 형태의 회전을 주고 하트를 중앙에 그려 준다.
에칭으로 암모나이트의 중앙 부분을 표현한다.

칼디의 염소

2014년에 창작한 염소 디자인이다.
웨이브-5 로제타-로테이션-하단부 2 로제타-하트를 그려 주고 에칭으로 표현한다.
제목은 칼디의 전설인데, 실제는 망친 걸 되살리기 위한 처절한 몸부림 정도!

코끼리 덤보

어릴 적 좋아했던 디즈니 캐릭터(베이스 영상)이다.
2012년의 수정작으로 아기 코끼리 덤보를 그려 보려고 했으나 왠지 청소년 같은 느낌(?).
2로제타로 귀를, 로테이션 하트인 로제타로 얼굴과 코를 표현했다.

할아버지

Wave-2 Rosetta & Heart.
호호호 할아버지, 뭘 한 거지? 큰일이군!
그냥 대머리 할아버지라도 해야겠다. 그나마 다행이다!

청새치

로테이션 튤립으로 옆으로 헤엄치는 청새치다.
웨이브로 파도를 표현하거나 크레마를 바다 속으로 표현해도 된다.
하단 부분은 윙 팟으로 마무리한다.

나비 효과

2013년에 만들어 본 디자인 패턴들이다.
Big Wave 안에 여러 가지 생물들을 집어넣고 파장으로 인한 변화를 표현한 디자인이다.
나비 효과, 매미 효과, 잠자리 효과 등.

바다거북

창작 디자인인 바다거북이다.
기초 디자인인 플라워 팟의 응용으로 머리–거북 등–뒷다리 등 3단으로 튤립을 나누고,
하단의 로제타를 앞다리로 표현하면 된다.

반딧불이

가끔 물어보기도 한다. 뭐 같아요?
반딧불이 같아요(이유진 바리스타)! 그럼 반딧불이로 그려 보죠!
프리푸어링은 예전에 많이 했던 스타일이라는 함정이 있다.

구미

개인적으로 좋아하는 나루토.
나루토의 구미 디자인으로 로테이션과 에칭의 결합 디자인이다.
로테이션 로제타로 9개의 꼬리를 그리고, 중앙에 몸을 그려 준다.

성장

Drag Swan Style. 나는 늦었지만 지금도 조금씩 성장하고 있다.
성장하는 학생들과 함께여서! 이끌어줘야 하는데 오히려 올려줘서, 그래서 더 감사하다.
배움은 늘 가까이에 있다. 재미있게 놀면서 함께 성장하자.

글로리

커피 인생의 목표?
라테아트를 통해서 영광을 돌리고 싶다.
항상 커피하고, 쉬지 말고 커피하고, 범사에 커피하자.

MEMO

INDEX
찾아보기

감수

커피아저씨 김재근

백석예술대학교 바리스타학과 외래교수
바리스타 자격증 출제, 심사위원
한국바리스타 챔피온(KBC) 심사위원장
엔젤리너스 바리스타 월드그랑프리대회 심사위원 및 자문위원
세계바리스타 챔피온(WBC) 국가대표 선발전 심사위원
미국 SCAA, CQI Q-Grader
유럽 SCAE Authorized Trainer
2012 한국의 커피리더 10인

저서 : 바리스타가 알고 싶은 커피학(공저)
EBS 세대여행 '커피, 꿈과 인생을 담다' 등 출연

저자

커피중대장 정연호

엉클커피컬리지 교육부장
Coffee Bridge Latte Art Instructor
COFFEE MARIO ROASTERS 교육팀장
한국외식조리전문학교 라테아트 실습 교수
현대직업전문학교 커피 바리스타학과 교수
WORLD LATTE ART BATTLE 심사위원
SCAC Latte Art Championship 심사위원
KTBC(Korea Team Barista Championship) 심사위원
LATTE ART 전문 트레이너

저서 : 라테아트 베이직

LATTE ART ADVANCE
라테아트 어드밴스

2016년 5월 2일 초판 인쇄 | 2016년 5월 10일 초판 발행

감수 김재근 | 지은이 정연호 | 펴낸이 류제동 | 펴낸곳 교문사

편집부장 모은영 | 디자인 신나리 | 본문편집 벽호미디어
제작 김선형 | 홍보 김미선 | 영업 이진석·정용섭·진경민 | 출력 동화인쇄 | 인쇄 동화인쇄 | 제본 한진제본

주소 (10881)경기도 파주시 문발로 116 | 전화 031-955-6111 | 팩스 031-955-0955
홈페이지 www.kyomunsa.co.kr | E-mail webmaster@kyomunsa.co.kr
등록 1960. 10. 28. 제406-2006-000035호
ISBN 978-89-363-1546-7(93590) | 값 22,000원